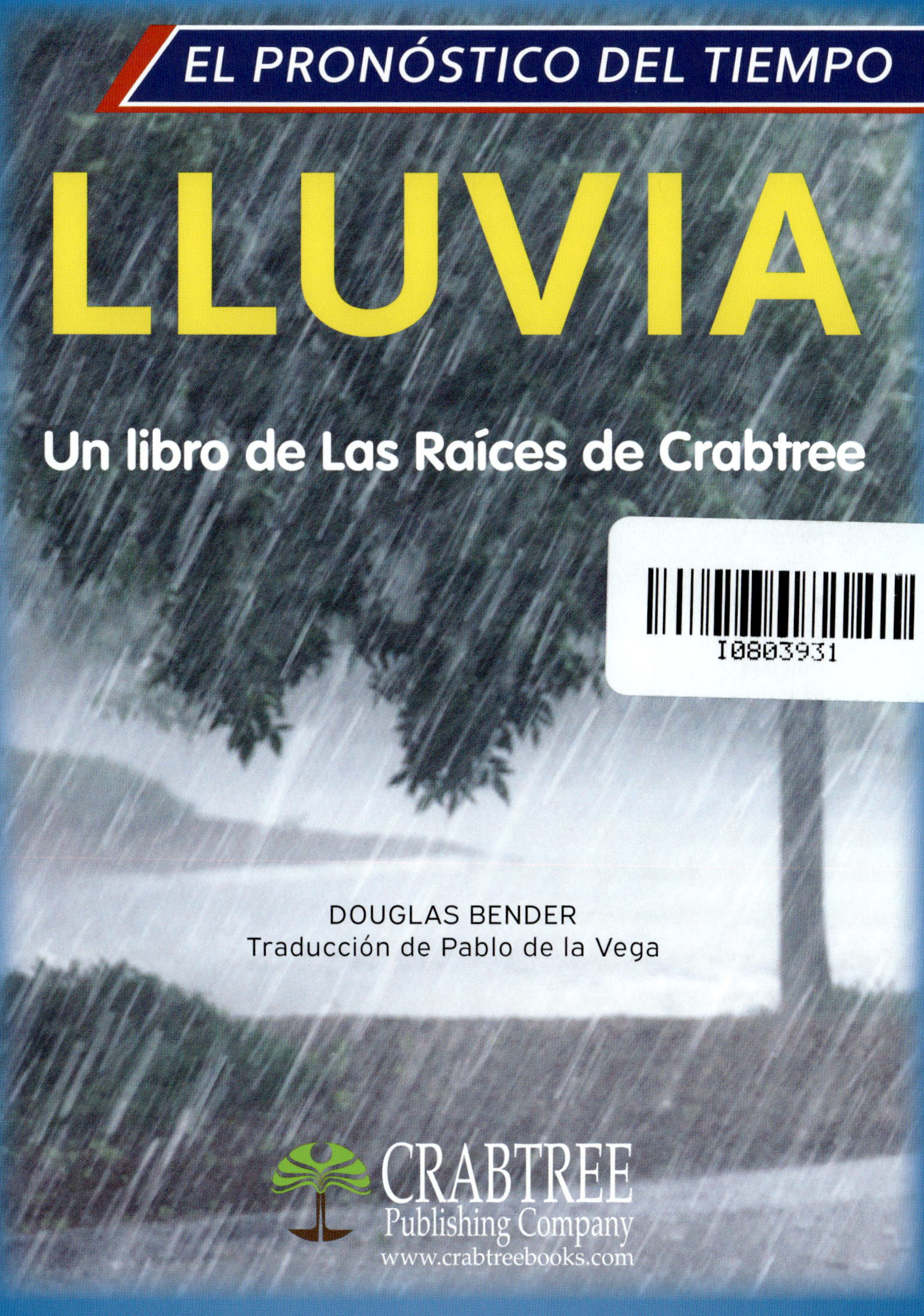

EL PRONÓSTICO DEL TIEMPO

LLUVIA

Un libro de Las Raíces de Crabtree

DOUGLAS BENDER
Traducción de Pablo de la Vega

CRABTREE
Publishing Company
www.crabtreebooks.com

Apoyos de la escuela a los hogares para cuidadores y maestros

Este libro ayuda a los niños en su desarrollo al permitirles practicar la lectura. Abajo están algunas preguntas guía para ayudar al lector a fortalecer sus habilidades de comprensión. En rojo hay algunas opciones de respuesta.

Antes de leer:

- ¿De qué pienso que trata este libro?
  - *Pienso que este libro es sobre la lluvia.*
  - *Pienso que este libro nos dice cómo se ve la lluvia.*
- ¿Qué quiero aprender sobre este tema?
  - *Quiero aprender de dónde viene la lluvia.*
  - *Quiero aprender de qué está hecha la lluvia.*

Durante la lectura:

- Me pregunto por qué...
  - *Me pregunto por qué llueve.*
  - *Me pregunto por qué llueve en algunos lados y en otros no.*
- ¿Qué he aprendido hasta ahora?
  - *Aprendí que la lluvia está hecha de agua.*
  - *Aprendí que cuando llueve muy fuerte se dice que cae un aguacero.*

Después de leer:

- ¿Qué detalles aprendí de este tema?
  - *Aprendí que hay distintas palabras para describir la cantidad de lluvia que cae.*
  - *Aprendí que podemos usar cierto tipo de ropa para mantenernos secos bajo la lluvia.*
- Lee el libro una vez más y busca las palabras del vocabulario.
  - *Veo la palabra **nubes** en la página 5 y la palabra **paraguas** en la página 12. Las demás palabras del vocabulario están en la página 14.*

¡Ploc, ploc, ploc!
Cae la lluvia.

La lluvia está hecha de agua.

La lluvia se forma en **nubes** grandes.

Una lluvia ligera
es llamada **llovizna**.

Una lluvia muy fuerte es llamada **aguacero**.

Cuando llueve, nos ponemos **botas** de lluvia

Cuando llueve, usamos un **paraguas**.

Lista de palabras

Palabras de uso común

cae	forma	ligera
cuando	fuerte	lluvia
de	grandes	nos
en	hecha	se
está	la	una

Palabras para conocer

aguacero

botas

llovizna

nubes

paraguas

44 palabras

¡Ploc, ploc, ploc! Cae la lluvia.

La lluvia está hecha de agua.

La lluvia se forma en **nubes** grandes.

Una lluvia ligera es llamada **llovizna**.

Una lluvia muy fuerte es llamada **aguacero**.

Cuando llueve, nos ponemos **botas** de lluvia.

Cuando llueve, usamos un **paraguas**.

CRABTREE Publishing Company

EL PRONÓSTICO DEL TIEMPO

LLUVIA

Written by: Douglas Bender
Designed by: Rhea Wallace
Series Development: James Earley
Proofreader: Janine Deschenes
Educational Consultant:
Marie Lemke M.Ed.
Translation to Spanish:
Pablo de la Vega
Spanish-language layout and proofread:
Base Tres
Print and production coordinator:
Katherine Berti

Photographs:
Shutterstock: Alexander V Evstafyey: cover; A3family: p. 1; A3pfamily: p. 3, 14; SilverWolf: p. 4; Sergei25: p. 7; AndriyBlokhinr: p. 9, 14; LeManna: p. 10-11, 14; Torwaistudio: p. 13, 14

Library and Archives Canada Cataloguing in Publication

Title: Lluvia / Douglas Bender ; traducción de Pablo de la Vega.
Other titles: Rain. Spanish
Names: Bender, Douglas, 1992- author. | Vega, Pablo de la, translator.
Description: Series statement: El pronóstico del tiempo | Translation of: Rain. | "Un libro de las raíces de Crabtree". | Text in Spanish.
Identifiers: Canadiana (print) 20210230932 | Canadiana (ebook) 20210230940 | ISBN 9781039616301 (hardcover) | ISBN 9781039616363 (softcover) | ISBN 9781039616424 (HTML) | ISBN 9781039616486 (EPUB) | ISBN 9781039616547 (read-along ebook)
Subjects: LCSH: Rain and rainfall—Juvenile literature.
Classification: LCC QC924.7 .B4618 2022 | DDC j551.57/7—dc23

Library of Congress Cataloging-in-Publication Data

Names: Bender, Douglas, 1992- author. | Vega, Pablo de la, translator.
Title: Lluvia / Douglas Bender ; traducción de Pablo de la Vega.
Other titles: Rain. Spanish
Description: New York, NY : Crabtree Publishing Company, [2022] | Series: El pronóstico del tiempo - un libro de las raíces de Crabtree | Includes index.
Identifiers: LCCN 2021024368 (print) | LCCN 2021024369 (ebook) | ISBN 9781039616301 (hardcover) | ISBN 9781039616363 (paperback) | ISBN 9781039616424 (ebook) | ISBN 9781039616486 (epub) | ISBN 9781039616547
Subjects: LCSH: Rain and rainfall--Juvenile literature.
Classification: LCC QC924.7 .B4618 2022 (print) | LCC QC924.7 (ebook) | DDC 551.57/7--dc23
LC record available at https://lccn.loc.gov/2021024368
LC ebook record available at https://lccn.loc.gov/2021024369

Crabtree Publishing Company
www.crabtreebooks.com 1-800-387-7650

Printed in the U.S.A./072021/CG20210514

Published in the United States
Crabtree Publishing
347 Fifth Avenue, Suite 1402-145
New York, NY, 10016

Published in Canada
Crabtree Publishing
616 Welland Ave.
St. Catharines, ON, L2M 5V6